少儿科普美绘本系列

花园里的秘密

Huayuan li de mimi

蟋蟀

文 王粉玲

图 党龙虎 阿 桥 王晓芳 李雪菡
  朱彤彤 薛舒心 李 兰 周 舒
  张 华等

未来出版社

图书在版编目（CIP）数据

蟋蟀 / 王粉玲著.--西安：未来出版社，2011.12
（花园里的秘密）（2017.3重印）
ISBN 978-7-5417-4451-8

Ⅰ.①蟋… Ⅱ.①王… Ⅲ.①蟋蟀 – 少儿读物
Ⅳ.①Q969.26-49

中国版本图书馆CIP数据核字(2011)第255258号

花园里的秘密·蟋蟀

HUA YUAN LI DE MI MI · XI SHUAI

出版	未来出版社（西安市丰庆路91号）
经销	新华书店
制作	彤彤设计工作室
印刷	陕西东风海印刷有限公司
开本	889mm×1194mm　1/16
印张	2.5
版次	2015年7月第2版
印次	2017年3月第4次印刷
书号	ISBN 978-7-5417-4451-8
定价	15.80元

蟋蟀

英 文 名：cricket

拼　　音：xī shuài

科属分类：动物界，节肢动物门（有颚亚门），昆虫纲（有翅亚纲），直翅目（长角亚目），蟋蟀科

故事前的故事：

　　蟋蟀，一名促织，又名"蛐蛐儿"。据研究，它是一种最古老的昆虫，距今已有1.4亿年的历史。蟋蟀、油葫芦、蝈蝈号称"中国三大鸣虫"。在三大鸣虫中，玩得最好、最精彩、最有文化韵味的当数蟋蟀。

我们常见的蟋蟀有田野
蟋蟀和家蟋蟀。
　田野蟋蟀又称黑蟋蟀，
常生活在田野或庭院，有时
进入室内。
　家蟋蟀头部色浅，并有
深色横带，常见于建筑物及
垃圾堆中。

秋天的夜晚，蝉们慢慢隐去了白天的喧闹，留恋地回
想着生命里那些欢快的日子。

花朵儿也开始慢慢地凋谢了，花瓣们伴着枯叶，飘落
得到处都是。小蚂蚁们开心地把它抬回家去，做了花床。

一只黑猫正弓着身子，抖动着身上的毛发，然后这边走走，那边瞧瞧，开始精神抖擞地巡逻啦！

麻雀妈妈在小窝里搂着小麻雀，甜甜地睡着啦。

花园的夜晚是这么安宁和祥和。

当月亮刚刚爬上树梢，晚风也刚刚吹过那一片草丛时，"嘟儿、嘟儿"，一阵清脆的鸣叫声传了出来。黑猫随即看了过来。

在我国，蟋蟀的分布极广，黄河以南更多。蟋蟀喜欢栖息在土壤稍为湿润的山坡、田野、乱石堆和草丛之中。在秋季开始鸣叫，野外20℃时鸣叫得最欢。气候转冷时即停止鸣叫。

"秋天真的来了！"在花园里散步的蜗牛妈妈仔细地听着鸣叫声，然后对小蜗牛说，"听啊！喜欢夜间出来活动的蟋蟀们开始唱歌了。"

"蟋蟀们？"小蜗牛好奇地问，"它们在哪？我想和它们玩儿。"

"去吧！蟋蟀一般栖息于地表、砖石下、土穴中、草丛间。希望你们会成为好朋友。"

小蜗牛循声来到一片茂密的草丛，这里就是蟋蟀们的家，不知道它们在干什么。小蜗牛悄悄地爬进草丛。

"唧唧吱、唧唧吱！"草丛深处，一只黑色的蟋蟀从一个小洞里钻出来，看着这美好的夜色，它欢快地唱起了歌。

"你好！小蟋蟀。很高兴认识你。"小蜗牛向新朋友问好。

"你好！小蜗牛。"蟋蟀说着，就"飞"过小蜗牛的头顶，落在小蜗牛身后的一片枯叶上。

小蟋蟀长得好神气呀！它头上有丝一样细长的触角，看上去比它的身体还要长许多。哇！它有6条腿，而且，在它的尾巴上还有两条尾须，太帅了。

　　"哇！小蟋蟀，你好棒呀！你能飞这么高这么远呀！"小蜗牛开心地盯着它说。

　　"'飞'？哈哈！"小蟋蟀笑了，头上丝一样的触角一晃一晃的。

　　"是呀！要是我也会飞该多好呀！"小蜗牛开始想象自己飞起来的样子。

　　"小蜗牛，我刚才那个不是'飞'，准确地讲——那是在'跳'。"小蟋蟀笑着告诉小蜗牛。

　　"我才不信呢，你背上不是有两对翅膀吗？"

　　小蟋蟀伸出自己的后腿，"瞧瞧，我能跳这么高这么远，全凭我这两条粗壮有力的腿哦！"

　　蟋蟀的前足和中足相似等长，后足发达，善跳跃。蟋蟀有钻缝、筑穴、隐蔽的能力。

8

"哇！它们看上去真是非常有力哦！"

小蜗牛接着说："你唱的歌可真好听，能再唱一次给我听吗？"

"没问题！"只见小蟋蟀前面那对翅膀开始用力地摩擦起来，"嘟儿、嘟儿——"

"小蟋蟀，原来那好听的歌声是这样'唱'出来的呀！"小蜗牛盯着那对翅膀好奇地看着，它觉得这位新朋友可真了不起。

雄蟋蟀前翅革质，后翅膜质。前翅上有发音器，由翅脉上的刮片、摩擦脉和发音镜组成。前翅举起，左右摩擦，从而震动发音镜，发出音调。

"呵呵！这不算什么。"小蟋蟀晃着细长的触角笑了。

"小蟋蟀，怎么没看见你的家人？"小蜗牛问。

"我们蟋蟀是卵生的。记得春天，我们刚孵化成若虫时，一家人是住在一起的，"小蟋蟀扬扬触角，"后来我们长大了，便离开家各自外出觅食，然后就独自生活了。"

若虫指陆生生活的不完全变态昆虫的幼体。这类昆虫一生只有卵、幼虫、成虫三个时期，没有蛹期。幼虫与成虫基本相似，只是体型较小，翅未长成，性器官未成熟。

那你们不经常见面吗？　小蜗牛歪着脑袋问，　比如说生日聚会什么的？"
"作为成年的雄蟋蟀，我们都尽量不再碰面。"小蟋蟀笑着告诉小蜗牛。
"可怜的小蟋蟀！别担心，有空的话，你可以来找我玩！"小蜗牛认真地说。
"谢谢你！小蜗牛，我得去找点吃的了，再见！"

小蟋蟀望望花墙边，那里有一小块花生田。

"再见了！小蟋蟀。"小蜗牛把背上的壳耸了耸，"我要去开始我的月下漫步啦！"

只见小蟋蟀鼓起翅膀，后腿用力地往后一蹬，一下子就消失在了草丛中。

蟋蟀吃各种作物、树苗、菜果等，找吃的并不困难。

认识了新朋友，开心的小蜗牛慢悠悠地边爬边仔细聆听着。在经过花墙时，它又听到了那熟悉的鸣叫声。只不过这次，好像还有另外一个声音。

小蜗牛慢慢地爬过去，它看到了令它吃惊的一幕：自己的新朋友小蟋蟀和另外一只浅色小蟋蟀对峙着，看样子就要打起来啦！

外部刺激可诱发蟋蟀的某些行为。如以细软毛刺激雄蟋蟀的口须，会鼓舞它奋力冲向敌手；如果触动它的尾毛，则会引起它用后足胫节向后猛踢，表示反抗。

"不能打，不能打！"小蜗牛大声阻止它们。

"哦，你呀！"小蟋蟀停止鸣叫，"这事你就别管啦！"

"分不出胜负，我是不会罢休的。"浅色蟋蟀也毫不示弱。

两只小蟋蟀面对面，用自己特殊的声音向对方示威。不一会儿，它们头对头，张开钳子似的嘴巴，露出两颗大牙，开始对咬起来。眼看小蟋蟀就要被浅色蟋蟀咬到头的时候，只见它跳转身，用后腿用力一踢，就把浅色蟋蟀踢进了草丛里。

　　恼怒的浅色蟋蟀不服气地从草丛里跳出来，它头上的一根触角已经断掉了，可它竟然又冲向了小蟋蟀。

　　小蟋蟀趁机露出一对黑得发亮的牙齿，一下子就咬断了浅色蟋蟀的一条腿，然后再次用有力的后腿，把可怜的浅色蟋蟀踢进了草丛。

　　这次，被打败的浅色蟋蟀瘸着腿，灰溜溜地钻进了浓密的草丛，不见了踪影。

　　"本是同根生，相煎何太急！"花墙上的黑猫目睹了这激烈的场面，它摇着尾巴说了一句从人类那里学到的诗。

　　"是呀！小蟋蟀，你们怎么能自相残杀呀？"小蜗牛也被这一幕搞糊涂了。它刚才还觉得小蟋蟀是那么和气的朋友，怎么转眼间就变了呢。

　　"黑猫先生，小蜗牛，在我们蟋蟀家族，这是很正常的事情。"胜利了的小蟋蟀竖起自己的双翅，得意地鸣叫着，"嘟儿、嘟儿……"

　　"正常？"黑猫不理解地摇摇头。

　　"一点儿都不正常！"小蜗牛实在不能容忍新朋友的所作所为——把同类赶跑，自己竟然还得意地大叫！

它生气地扭转身子，想要离开这好斗又骄傲的小蟋蟀。

"等一等，小蜗牛。"小蟋蟀跳到它面前，"请你听我给你解释嘛。其实我也不想这样子的，可是我刚在这儿找到了食物，那只浅色蟋蟀就跑来，想要夺走它。我……我是迫不得已才和它打起来的。"

雄性蟋蟀的自相残杀是为了争夺食物、巩固自己的领地和占有雌性蟋蟀。

"是它要抢你的东西呀，那——应该自卫。"黑猫纵身一跃，跳下花墙。

"原来是这样子呀！"小蜗牛点点头，原谅了好朋友。它想，抢人家的东西毕竟不是正确的行为嘛。

"不过，你的牙倒是挺厉害的。"黑猫边走边伸着脖子赞扬了一句。

"我们都有门牙和衬牙。衬牙长在门牙内，是用来吃东西的；门牙也叫斗牙，是用来吃食和格斗用的。刚才我就是用门牙咬断对手后腿的。"小蟋蟀说完兴奋地把牙露了出来。

月光下，小蟋蟀的牙齿闪闪发亮。一转身，小蟋蟀开始大口咀嚼起可口的嫩叶来，只几下，就啃咬得干干净净。

"吃饱了。"填饱肚子的小蟋蟀又开始鸣叫起来，"嘟儿、嘟儿"清脆响亮。

小蜗牛闭上眼睛静静地享受着。

大多数蟋蟀体型较小，呈黄褐色或黑褐色，头圆，胸宽，有丝状大触角和咀嚼式口腔，有的大颚发达，喜欢咬斗。

这时，草丛里传来一阵窸窸窣窣的声音——一只个头大大的蟋蟀突然"哗"地跳到了小蟋蟀的面前。它的尾巴比小蟋蟀尾巴多了一根针一样的东西。

"糟糕，带着武器，一定是来寻仇的。"小蜗牛担心地想，"肯定是刚才那只浅色蟋蟀请来的帮手。"

可是小蟋蟀看到大个头的蟋蟀，却更起劲地叫了起来。

"小蟋蟀快跑！"小蜗牛不顾一切地喊道，"你打不过人家的，这只大蟋蟀一定会把你打败的！"

可是小蟋蟀并不理会小蜗牛的劝告，它兴奋地围着大个头蟋蟀转。

"不许你伤害我的朋友！"小蜗牛挡住大个头蟋蟀，大声喊道。

"我不会伤害它的！"大个头蟋蟀害羞地说，"它的歌声实在是太优美了，我听了就忍不住跑过来，我……"

"哼！你什么？武器都带来了，你还想狡辩。"小蜗牛指指大个头蟋蟀尾巴上针状的东西。

"小蜗牛，你错了。"小蟋蟀停止了歌唱，"这是我的新伴侣——蟋蟀小姐。"

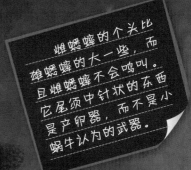

雌蟋蟀的个头比雄蟋蟀的大一些，而且雌蟋蟀不会鸣叫。它尾须中针状的东西是产卵器，而不是小蜗牛认为的武器。

蟋蟀喜欢唱歌，家族中的"歌王"当属长颚蟋蟀。因它的体长近20毫米，触角长约35毫米，再加之两颗大牙向前突出，故名长颚蟋蟀，人们形象地称它"萨克斯"。

"原来是这么回事呀！"小蜗牛不好意思地对大个头蟋蟀说，"对不起！别生气哦。"

蟋蟀小姐摇摇头，然后微笑着跳进了浓密的草丛里。

皎洁的月光柔和地洒在花园里，凉爽的晚风吹过，小蜗牛又听到了那快乐的歌声——那一定是小蟋蟀唱给蟋蟀小姐听的。

恬静的夜里，草丛中传来一阵又一阵悦耳的歌声。蟋蟀们唱着秋天的乐章。

小蜗牛躲在石块下，随着那歌声进入了梦乡。

清晨，太阳刚露出
笑脸，蟋蟀们便停止了
歌唱。生命快走到尽头
的蝉，在枝头唱着生命
最后的快乐。

那棵弯脖子柿树上，一只只红柿子挂在枝头。微风吹过，空气中便飘过一阵香甜的味道。

　　麻雀妈妈已经带着小麻雀，开始了又一次的飞翔练习。瞧！勇敢的小麻雀一会儿飞向枝头，一会儿飞向天空；当飞累了时，麻雀妈妈便带着小麻雀飞到柿子树的枝头，啄一口甜甜的汁液。

　　辛苦了一个晚上的黑猫，这会儿正躲在屋檐下睡大觉呢。如果听到什么声响，它就把露在外面的尾巴晃动一下。

　　一颗颗晶莹的露珠欢快地从草叶尖儿上滑下，钻进泥土睡大觉。

　　小蜜蜂已经开始采花蜜了，它们在开得正艳的花丛间快乐地飞舞着。

　　小蜗牛睡醒了，去找小蟋蟀玩儿。

"小蟋蟀，出来玩哦！"小蜗牛在那个洞穴外面大声喊。

"小蜗牛，我不出去玩了。"里面传来小蟋蟀的声音。

"可是——"小蜗牛觉得有些奇怪，"为什么小蟋蟀不愿意出来玩？"

"早安！小蜗牛。"一只小蜜蜂飞过来。

"早安！"小蜗牛抬起头难过地问，"为什么小蟋蟀不出来和我玩？"

蟋蟀繁殖的最适宜温度是15℃～25℃，温度低于5℃或高于32℃时，蟋蟀会进入休眠状态。

　　"呵呵，我来告诉你吧。"小蜜蜂说，"蟋蟀的生活习性决定了它们白天栖息在洞穴中，夜晚出来觅食和寻找喜欢的伴侣。像你们蜗牛，在天气太热的时候，不是也要躲进壳里睡大觉吗？"

　　"哦，这样呀！我还以为它不愿意和我玩了呢！"

　　小蜜蜂扇动着翅膀，"到了晚上，你就可以看到它。"

　　"小蟋蟀，"小蜗牛大声喊，"我晚上再来找你吧。"

　　"好的！晚上见！"小蟋蟀在洞穴里快乐地回答道。

太阳悄悄地爬上花园的上空，虽然到了秋天，可到了中午天气还是有些闷热。小蜜蜂仍然在花丛中勤快地劳动着。小蜗牛呢？呵呵！它已经躲在花树下潮湿的地方，钻进壳里睡午觉去啦！

等小蜗牛一觉醒来时，太阳落下山了。在这秋天的夜晚，花园里到处都是蟋蟀欢快的歌声。

月光下，它们尽情地唱着歌，不断变换着调子。听到这声音的人们，总会情不自禁地说：生活是多么美好呀！

蝉的生命已经进入倒计时，花园的草丛里，到处都能看到死去的雄蝉。雌蝉们顾不上悲伤，它们着急地寻找合适的树枝，想把自己的卵宝宝产在里面。这样，家族才能延续下去——这是它们的责任。

时间一天天过去了，小蜗牛长成了大蜗牛。当秋风把柿树上的最后一片叶子带走时，天气已经有些冷了。为了避免危险，蜗牛不再经常出来散步了。

花园里，黑猫继续做自己的事情。小麻雀长大了，已经可以飞到花园外面去了。

原来的蟋蟀小姐离开了小蟋蟀，但是小蟋蟀一点儿都不伤心。在月光皎洁的夜晚，它仍然欢快地歌唱着，不久，它的身边又出现了新的蟋蟀小姐。

现在，小蟋蟀决定为蟋蟀小姐和自己建造一所过冬的住宅。

"房子的地势要好，利于排水；还有，阳光必须能照射到家门口，这样过冬时就不会太冷；还有……"小蟋蟀一边寻找有利地形，一边自言自语着。

终于，它找到了理想的地方——那块小小花生田的田埂。

在一片草叶掩盖的地方，小蟋蟀开始用两只前腿扒土，用锋利的门牙咬着较大的土块，把它们搬出洞外；然后，它用非常有力的后腿在开好的隧道里踩踏着，后腿上的两排锯齿把泥土推到身后，倾斜地铺开；接着往前挖……

蟋蟀一般在秋季成熟、产卵，一年一代。卵产在自己家的土里或植物茎内。若虫于次年春天孵出，蜕皮6～12次后成熟。

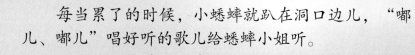

每当累了的时候，小蟋蟀就趴在洞口边儿，"嘟儿、嘟儿"唱好听的歌儿给蟋蟀小姐听。

终于，小蟋蟀的新家完工了，倾斜的地洞往里延伸了几厘米。掩盖在洞口的那片草丛，就像是小蟋蟀家的大门，能干的小蟋蟀把门口收拾得非常平坦，就好像是一个用来演唱的舞台。

天气晴朗的夜晚，弯弯的月亮挂在树梢，星星们在夜空中调皮地眨着眼。四周静悄悄的，都能听得见风吹过花园的声音。在花墙边的田埂上，那小小的平台上，又出现了小蟋蟀的身影。

"唧唧吱、唧唧吱……"你听，那是它在快乐地歌唱。歌声中，听得出它对新生活的期盼，对未来新生命的希望。

晚安吧，小蟋蟀！